일 상 에 향 기 를 주 는

천연 캔들, 방향소품

팜파스

Handmade Candle & Ornament

일 상 에   향 기 를   주 는

천연 캔들, 방향소품

소이, 팜, 비즈 천연왁스로 만드는 캔들과 방향소품 만들기

백희영 지음

팜파스

PROLOGUE

프롤로그

향기 생활의 시작

아주 어릴 적부터 사용하던 이불이 있었어요. 아마도 저의 애착 이불이었을 것입니다. 낡을 대로 낡은 그 이불을 꽤 커서까지 놓지 못했는데, 그 이유는 이불에 배어 있는 향 때문이었던 것 같아요. 포근한 그 향이 너무 좋아 훌쩍 커버린 몸에 어울리지 않는 그 이불을 꼭 끌어안고 자곤 했습니다.

후에는 내가 머무르는 공간에 좋은 향이 있었으면 해서 집 안의 곳곳에 그리고 사무실에도 향기용품을 가져다놓았습니다. 주변사람들에게도 기분 좋은 향기를 느끼게 해줄 수 있어 더욱 좋았습니다.

좋은 에너지를 발산하는 하루하루가 모여 자신을 형성하며, 좋은 향기는 긍정적 에너지를 가져다주는 것을 확신합니다.

향기로운 시간을 함께해요

학교를 졸업하고 디자이너로 지낸 6년 동안 옷을 만드는 일을 했습니다. 그렇게 좋아하던 옷 만지는 일도 매일같이 반복되는 야근과 개인의 행복은 중요하게 생각하지 않는 회사라는 테두리 안에서는 전혀 즐겁지 않았습니다. 몸도 마음도 지쳐가던 때에 이따금 한 번씩 만들어 사용하던 캔들은 알 수 없는 마음의 위안이 되어주었어요. 평안한 향기도, 일렁이는 불빛도. 지금 생각해보면 저에게는 좋은 탈출구였던 것 같습니다.

사용하는 것보다 만드는 일에 재미를 느껴 지인들에게 선물도 하고, 더 멋지게 만들기 위해 이런저런 시도도 해보며 많은 시간을 보냈더니 이렇게 양초 공예가가 되었네요. 향기를 즐기며 예쁜 작품을 만들어보는 시간은 생각보다 더 즐겁게 흘러갑니다.

지금은 더 많은 분과 즐거움을 나누기 위해 경복궁 옆 서촌에 자리를 잡고 작은 공방 겸 쇼룸을 운영하고 있습니다. 이곳에서 강의를 하고 제품을 만들고, 천연 재료를 이용하여 건강한 향기 생활을 전파하는 중이죠.

이 책에서 다루는 내용으로 보다 많은 분께서 향기로운 시간을, 나를 위한 시간을 보낼 수 있기를 바랍니다.

CONTENTS

PART 1

Container Candle

컨테이너 캔들

PART 2

Mold Candle

몰드 캔들, 필라 캔들

| 기본 재료 |

왁스

캔들을 만들 때 가장 중요한 재료입니다.
최근에는 다양한 천연 왁스가 개발되었는데, 이 책에서도 천연 왁스만을 사용하여 캔들을 만듭니다.

소이왁스

대두에서 추출한 오일을 고체화한 왁스입니다. 최근 가장 각광받는 재료로 용기용과 몰드용 왁스로 나누어져 있습니다. 비교적 깨끗하게 연소되고 저온에서 녹는 성질 때문에 천연 에센셜 오일을 사용할 수 있다는 장점이 있습니다.

팜왁스

기름야자에서 추출한 오일을 고체화한 왁스입니다. 완성 후에 예쁜 무늬가 생기는 것이 특징이며, 성질이 단단하여 몰드용으로 적합합니다.

비즈왁스

꿀 수확이 끝난 벌집을 녹인 후 용매 추출법으로 생산되는 왁스입니다. 천연 항생제인 프로폴리스가 함유되어 있기 때문에 고가의 재료임에도 불구하고 많은 인기를 끌고 있습니다. 덩어리 형태와 알갱이 형태로 판매되고 있습니다.

Bercy Village
pine
Bercy Village
Petitgrain

GREEN BASE
100ml
Perfumery Note: Top
CANDLEWORKS CORP EST.2006
BASE (토비공)
DEWBERRY BASE
MARINE BASE
Perfumery Note: Middle
JASMINE BASE
WHITE MUSK BASE

방향제를 만들 때에 가장 중요한 재료입니다. 천연 에센셜 오일과 프래그런스 오일이 있습니다.

에센셜 오일

- 향기를 가진 꽃이나 허브류를 증류하거나 용매 추출법을 통해 얻은 정유를 에센셜 오일이라고 합니다.
- 여러 가지 효능이 있기 때문에 '아로마 테라피'에도 널리 이용되고 있으며, 캔들이나 방향제에도 응용하여 간편하게 아로마를 즐길 수 있습니다.
- 캔들에 이용할 때에는 왁스와 섞을 때의 온도가 무척 중요합니다. 왁스의 온도가 55~60도일 때 에센셜 오일을 섞어주도록 합니다.

프래그런스 오일

- 방향제용 향료를 프래그런스 오일이라고 하는데, 에센셜 오일이 함유되어 있는 경우도 있고, 합성원료를 사용하여 만들어지는 경우도 있습니다.
- 에센셜 오일보다 열에 강하기 때문에 캔들에 사용하기 편리하고 향기의 종류도 다양합니다.

양초에 삽입되어 연소를 돕는 역할을 하며 양초의 지름에 따라 심지의 굵기를 선택하여 사용합니다.

면심지 면실을 이용해 만들어진 심지입니다. 모든 종류의 양초에 사용할 수 있습니다.

나무심지 나무를 얇게 가공하여 만든 심지입니다. 주로 컨테이너 캔들에 사용합니다.

면심지 가이드	
심지	양초의 지름
1호(16번)	3~4cm
2호(26번)	4~5cm
3호(36번)	5~7cm
4호(46번)	7~8cm
5호(60번)	8~10cm

나무심지 가이드	
심지	양초의 지름
S	4~5cm
M	5~6cm
L	6~7cm
2L	7~8cm
XL	8~9cm
XXL	9~10cm

심지탭 심지를 용기에 안정적으로 고정하기 위해 사용합니다.

방향제용 스톤류

기공이 많은 돌은 방향제의 재료로 사용할 수 있습니다.
향료와 함께 섞어서 며칠 두고 난 후 주머니나 용기에
담아 방향제로 사용합니다.

화산석
화산이 분출된 후 굳어진 돌로, 화강암이라고도 합니다.

팽창석
돌을 고온으로 가공하여 기공이 많아질 수 있도록 만듭
니다. 사쉐스톤이라고도 합니다.

레진스톤
침엽수 등의 수액의 휘발성분이 휘발하여 나머지 성분
이 고화한 것을 뜻하는 레진스톤은 천연 수지라고도 합
니다.

BASIC

02

기본 테크닉

| 계량하기 |

1. 계량저울을 켭니다.

2. 계량저울에 종이컵 또는 비커를 올리고 0Set 버튼을 누릅니다.

3. 0이 된 것을 확인하고 필요한 만큼 계량하여 사용합니다.

1

2-1

2-2

3-1

3-2

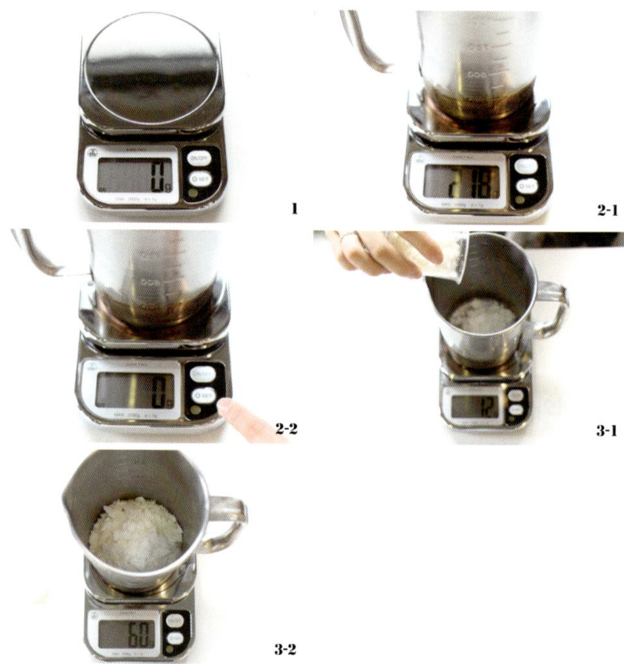

디퓨저 베이스

- 향료가 안정적으로 발향될 수 있도록 만든 재료입니다.
- 주성분은 알코올이기 때문에 단독으로 향을 맡으면 알코올취가 있으나 향료와 혼합하여 숙성한 후 사용하면 거의 느껴지지 않습니다.
- 향료만을 단독으로 발향하려면 향이 퍼지기 어렵기 때문에 디퓨저 베이스와 섞어 사용합니다.

방향제용 석고가루

석고방향제를 제작할 때 사용합니다. 물과 섞어 묽은 반죽 형태로 만든 후 향료를 섞어 실리콘 몰드에 넣어 굳히는 방식으로 사용합니다.

색소

색상을 내고 싶을 때 사용합니다. 재료에 따라 사용할 수 있는 색소가 다릅니다.

액상색소 액체상태의 양초용 색소입니다. 왁스와 잘 혼합된다는 장점이 있습니다.

고체색소 고체상태의 양초용 색소입니다. 블록 형태의 색소를 칼로 잘라내어 사용하여 사용감이 조금 불편하지만 더 다양한 색상이 시판되고 있습니다.

계량저울

재료를 계량할 때에 사용합니다. 1~2kg 단위이면 충분합니다.

온도계

캔들 제작 시 온도 확인을 위해 사용합니다. 깨질 염려가 없는 금속재질을 사용합니다.

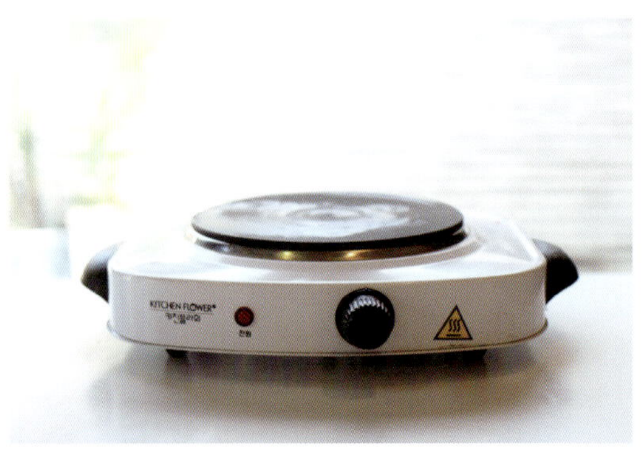

핫플레이트

가연성 물질인 왁스를 간접가열하여 녹일 때 사용합니다.

비커(스테인리스, 유리)

스테인리스 핫플레이트에 왁스를 담아 녹이는 용
도로 사용합니다.
유리 디퓨저 등 액체상태의 방향제를 만들 때 사용
합니다.

유리막대, 스패출러

재료를 섞을 때 사용합니다.

몰드

캔들이나 석고방향제를 넣어 굳히는 틀로 사용합니
다. 플라스틱, 금속, 실리콘이 있고 석고방향제는
실리콘 몰드만 사용할 수 있습니다.

니퍼	자	자수가위
심지탭과 심지를 고정할 때 사용합니다.	용기나 몰드의 입구를 재고 심지를 선택할 때 사용합니다.	심지를 다듬을 때 사용합니다.

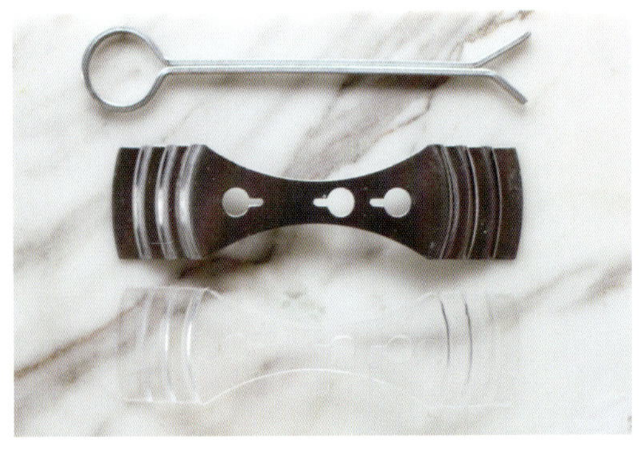

심지홀더

심지를 용기의 중심에 오도록 고정해줍니다.

접착제

몰드를 사용하는 캔들을 만들 때 심지구멍을 막는 용도로 사용합니다.

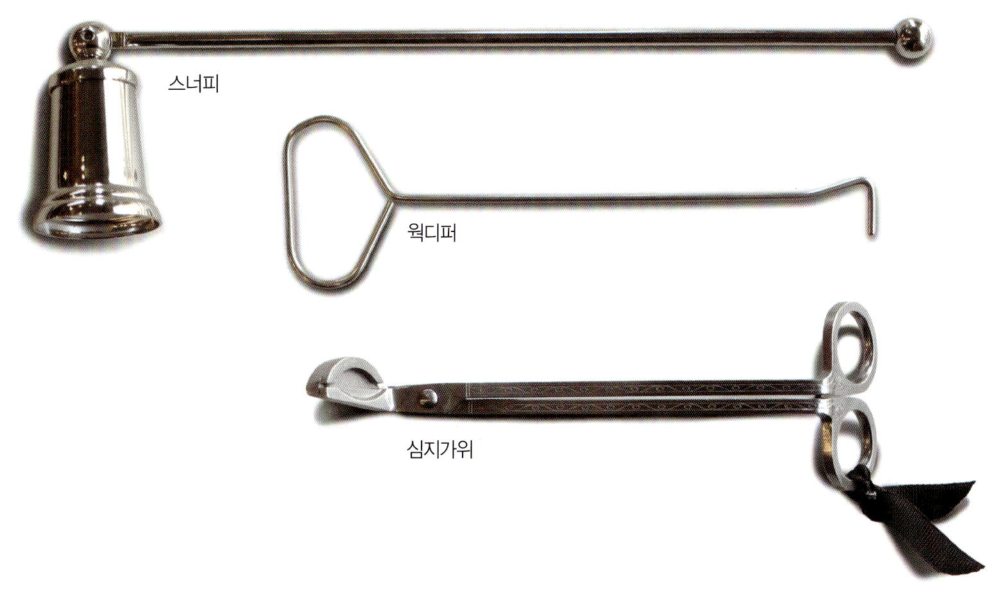

스너퍼, 윅디퍼, 심지가위

스너퍼와 윅디퍼는 양초를 소화할 때 사용하고, 양초를 다시 사용하기 전에는 심지가위를 이용하여 심지를 5mm가량 남기고 자른 후 점화합니다(그을음 방지를 위해).

| 계량하기 |

1. 계량저울을 켭니다.

2. 계량저울에 종이컵 또는 비커를 올
리고 0Set 버튼을 누릅니다.

3. 0이 된 것을 확인하고 필요한 만큼
계량하여 사용합니다.

| 심지 사용법 |

면심지_컨테이너

1. 용기의 내경을 자로 잽니다. 용기의 지름과 맞는 심지를 선택합니다(심지 선택 가이드 참고).

2. 면심지에 심지탭을 끼웁니다.

3. 용기의 높이보다 4~5cm가량 길게 심지 길이를 설정합니다.

4. 심지탭을 니퍼를 이용하여 고정합니다.

5. 나머지 부분은 잘라냅니다.

6. 심지탭에 심지 스티커를 부착합니다.

7. 용기 바닥에 고정합니다.

8. 심지 홀더의 홈에 심지를 끼워 용기 입구에서도 고정합니다.

면심지_몰드

1. 몰드의 지름과 맞는 심지를 선택하
여 몰드의 심지 구멍에 끼웁니다.

2. 몰드의 높이보다 4~5cm가량 길게
심지 길이를 설정합니다.

3. 심지구멍을 다부치를 이용하여 막
습니다.

4. 나머지 심지는 잘라냅니다.

5. 심지 홀더에 심지를 끼워 몰드의 입
구에서도 고정합니다.

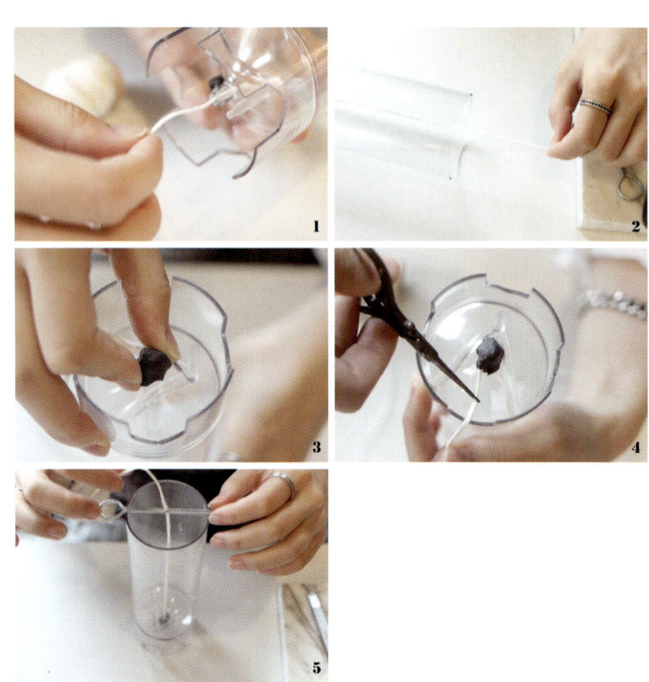

| 핫플레이트에 왁스 녹이기 |

1. 핫플레이트(또는 전기레인지)에 계량한
왁스가 들어 있는 비커를 올립니다.

2. 약한 열로(2~3단계) 서서히 녹이다
가 덩어리가 조금 남은 상태에서 불
을 끕니다.

3. 여열로 남은 왁스 덩어리를 녹입니다.

    TIP 왁스가 너무 뜨겁게 가열되면 화재
의 위험이 있고, 왁스가 산패하여 품질이
낮은 양초가 만들어지니 주의하세요.

공간에 향기를 부여하는 여러 가지 종류의 향기 소품이 있습니다. 흔히 사용하는 캔들과 디퓨저 이외에도 유용한 방향제들의 종류가 있는지, 어디에 어떤 아이템을 사용하면 좋은지, 각각의 특성과 함께 소개해드릴게요.

| 캔들 |

고체 상태인 왁스가 녹으며 향을 냅니다. 은은한 불빛과 향기를 즐기기에 적합하고 환기가 잘되는 실내에서 사용하는 것이 좋습니다. 용기에 담긴 컨테이너 캔들과 기둥 모양의 초를 뜻하는 필라 캔들이 대중적으로 사용되고 있습니다.

| 디퓨저 |

발향 스틱이 액체상태의 향료를 끌어올려 향을 냅
니다. 인테리어 효과가 뛰어나고 발향도 안정적인
편으로 캔들을 사용하기 꺼려지는 곳에 사용하기
좋습니다. 발향 스틱의 개수에 따라 향의 강도를
달리할 수 있습니다.

| 석고방향제 |

방향제용 석고를 이용하여 향을 냅니다. 사이즈를
작게 하여 좁은 공간에 넣어두면 은은하게 퍼지는
향이 매력적입니다. 옷장이나 서랍 같은 밀폐된
곳에 놓아두고 사용하기 좋습니다.

| 향낭 |

향료를 품은 재료를 주머니에 담아 향을 냅니다.
작고 가볍기 때문에 차량 또는 옷장에 사용했을
때 효과가 좋습니다. 드라이플라워를 이용하기도
하고, 향을 품을 수 있는 사쉐스톤을 사용하기도
합니다.

열에 약한 아로마를 즐길 때 사용합니다. 아로마
버너에 물을 담고 아로마 오일을 몇 방울 떨어뜨
려 발향시키기도 하고, 아로마 버너용 타르트 캔
들을 만들어 사용하기도 합니다.

캔들을 접하게 되었을 때,
컵 속에 양초가 들어 있는 형태를 흔히 보게 됩니다.
용기에 들어 있는 양초를 뜻하는 컨테이너 캔들.
가장 흔히 사용하는 형태의 캔들이며 왁스가 밖으로 흐르지 않기 때문에
실용적으로 사용할 수 있습니다. 그리고 장소에 제약이 없는 편이지요.

양초공예를 시작한 후로는 마음에 드는 용기를 보면 습관처럼 생각합니다.
이 용기에 캔들을 만들 수 있을까?
어떤 향기가 어울릴까?

용기의 모양이나 크기를 달리하여 변화를 주기도 하고,
사용하지 않는 찻잔이나 유리잔, 통조림 캔 등을 이용해서
업사이클링(up-cycling)을 해보아도 좋습니다.

향기로운 시간 만들기 첫 번째 장!
가장 기본인 컨테이너 캔들 만들기로 시작해보세요.

PART 1
Container Candle

컨테이너 캔들

Tealight Candle

세 시간의 행복, 티라이트 캔들

티라이트 캔들은 본래 찻주전자를 데우기 위한 목적으로 사용되던 아이템입니다.
요즘도 티 하우스에 가면 티라이트를 받쳐주는 곳이 있지요. 한 번 연소하기 시작
하면 세 시간 정도 빛을 낸 후 저절로 소화되기 때문에 편안한 마음으로 사용하기
좋아요. 컬러별, 향기별로 만들어두고 기분에 따라 골라서 사용해보세요.

Tealight Candle

세 시간의 행복, 티라이트 캔들

Ready

재료
티라이트 용기, 소이왁스(컨테이너용) 60g, 티라이트 심지, 심지탭, 릿시아 쿠베바 아로마 오일 4g, 핑크클레이 분말(색소 대용)

도구
핫플레이트, 비커, 온도계, 계량저울, 스패출러

How to make

1. 비커에 왁스를 계량하여 핫플레이트에 녹입니다.

2. 녹은 왁스의 온도가 75~80도일 때 핑크클레이 분말을 넣고 잘 섞어줍니다.

3. 색소를 잘 풀어준 후 왁스의 온도가 55~60도일 때 향료를 넣고 잘 섞어줍니다.

4. 티라이트 용기에 왁스를 가득 차게 붓습니다.

5. 용기에 부어둔 왁스가 조금 뿌옇게 되면 심지를 넣어줍니다.

6. 완전히 굳을 때까지 식히고 심지를 4mm 정도로 정리해줍니다.

◼ **Aroma Knowledge**

릿시아 쿠베바(Litsea Cubeba)
동아시아에서 자라는 향기 나는 열대성 수목의 작은 열매를 수증기 증류법으로 추출합니다. 예로부터 월경 불순에 효과가 있다고 알려져 널리 사용되고 있으며 만성 천식과 고혈압을 완화해줍니다. 무독성, 무자극성으로 보고되어 안정적인 아로마 테라피를 즐길 수 있습니다.

Tip

핑크 클레이와 같은 천연 분말은 양초용 색소를 대체하여 자연스러운 색을 내기에 좋은 재료입니다. 다만 너무 많은 양을 넣으면 연소하는 데 방해가 되므로 적당량을 사용하는 것이 좋습니다.

Basic
Container
Candle

소이왁스 컨테이너 캔들

가장 사용하기 편하고 뽀얀 모습이 예쁜 소이왁스 컨테이너 캔들은 왁스가 밖으로
흐르지 않아 안정적으로 즐기기 좋아요. 용기의 모양에 따라 다른 느낌을 내기도
하고요. 뚜껑이 있다면 오랫동안 보관해도 향을 잃지 않아 편리하기도 하지요.
크기가 다른 여러 가지 캔들을 만들어 구석구석에 켜두면 늘 보던 공간도 새로운
느낌으로 다가옵니다.

Basic Container Candle

소이왁스 컨테이너 캔들

Ready

재료

유리용기, 소이왁스(컨테이너용) 180g, 레몬그라스 에센셜 오일 13g, 면심지 4호, 심지탭, 심지스티커

도구

핫플레이트, 비커, 온도계, 계량저울, 스패출러, 심지홀더, 니퍼

How to make

1. 비커에 왁스를 계량하여 핫플레이트에 녹입니다.

2. 왁스가 녹는 동안 심지를 용기에 고정합니다.

3. 왁스의 온도가 55~60도가 되면 향료를 계량합니다.

4. 향료와 왁스가 잘 섞일 수 있도록 스패출러로 잘 섞어줍니다.

5. 유리 용기에 왁스를 붓습니다.

6. 용기가 식을 때까지 굳힌 후 심지를 5~6mm를 남겨두고 잘라냅니다.

✚ 필요한 왁스양 계산법

용기를 계량저울에 올려두고 0set을 맞춘 후 왁스를 채울 만큼 물을 붓습니다. 예를 들어 물의 양이 100g이 나왔다면 ×0.8을 하면 된답니다. 이렇게 하는 이유는 물과 왁스의 비중이 다르기 때문이지요.

◼ Aroma Knowledge

레몬그라스(Lemongrass)

아시아 지역에서 음식의 향료로 사용하거나 으깨어 화장수로 사용했으며 최근에는 방향제용 향료로 널리 사용되고 있습니다. 신선한 잎을 수증기 증류법으로 추출하며 향료 자체가 가진 살균성으로 발향할 경우 뛰어난 소독 효과와 벌레퇴치 효과가 있습니다.

Tincase
Travel Candle

여행 필수품, 릴랙싱 아로마 트래블 캔들

가볍고 튼튼한 틴 케이스를 이용한 트래블 캔들이에요. 깨질 위험이 없고 가벼워서
여행 가방에 한두 개 챙겨두면 낯선 여행지에서의 긴장감을 풀어주는 아로마를 즐
길 수 있습니다.
호텔 등의 숙소는 청결을 위해 소독작업을 하게 되는데, 그 향취는 꽤나 좋지 않게
느껴질 수 있습니다. 이때에는 틴케이스 캔들의 뚜껑만 열어두어도 향긋한 아로마가
퍼져서 조금 더 안락한 기분을 느낄 수 있어요.

낯선 공간에서 좋아하는 향기로 채우면 조금 더 따스한 느낌이 들지요.
잠자리에 들기 전, 하루를 정리하며 한 시간가량 틴 케이스 트래블 캔들을 켜두세요.

Tincase Travel Candle

릴랙싱 아로마 트래블 캔들

Ready

재료
블랙 틴 용기, 소이왁스(컨테이너용) 170g, 라벤더
아로마 오일 12g, 나무심지, 심지탭, 고농축 블
랙 염료

도구
핫플레이트, 비커, 온도계, 계량저울, 스패츌러

How to make

1. 비커에 왁스를 계량하여 핫플레이트에 녹입니다.

2. 나무심지를 용기에 고정합니다(길이는 용기와 맞게 자릅니다).

3. 왁스가 녹으면 고농축 블랙 염료를 10g당 한 방울씩 넣어줍
   니다(예_ 170g : 17방울).

4. 염료와 왁스가 잘 섞일 수 있도록 저어줍니다.

5. 왁스의 온도가 55~60도일 때 향료를 계량합니다.

6. 향료와 왁스가 잘 섞일 수 있도록 스패츌러로 잘 섞어줍니다.

7. 블랙 틴 용기에 왁스를 붓습니다.

8. 용기가 식을 때까지 완전히 굳힙니다.

◤ Tip

나무심지를 사용한 캔들은 사용 후 다시 점화할 때에 심지 정리를 필수적으로 해야 합니다. 나무심지가 연소하여 나온 재가 왁스에 떨어지면 향기도 탁해지고 왁스도 갈변되기 때문이에요.

컨테이너 캔들과 더불어 쉽게 접할 수 있는
몰드 캔들은 몰드를 이용하여 만든 캔들을 뜻합니다.
원기둥 형태가 많다 보니 필라 캔들이라고 부르기도 하지요.
태우다 보면 왁스가 녹아 흘러내리는데 그 모습이 멋지기는 하지만
자칫 주변에 놓인 물건에 스며들거나 지저분하게 될 수 있기 때문에 받침이 필요하답니다.
캔들을 즐겨 사용하다 보면 보통 처음에는 컨테이너 캔들,
그다음은 몰드 캔들을 선호합니다.
사용하기에는 다소 불편함이 따르지만 그만의 매력이 있기 때문이겠지요.
보통은 기둥 형태가 많으며 몰드 모양에 따라 무척 다양한 캔들을 제작할 수 있기 때문에 공예
요소를 더해 가치를 더하기 좋습니다.

몰드 캔들을 제작할 수 있는 왁스의 종류별로 캔들을 만들어보며
각 왁스의 특성에 대해 알아봅니다.

PART 2
Mold Candle
몰드 캔들, 필라 캔들

Antique Sealing
Pillar Candle

실 스탬프를 이용한 비즈왁스 필라 캔들

둥근 원기둥 모양의 깨끗하고 매끈한 필라 캔들은 컨테이너 캔들과 함께 가장 대중적인 캔들입니다. 표면에 이니셜을 새긴 커다란 필라 캔들은 사용 시간도 길고 인테리어 효과도 훌륭해서 하나 만들어두고 늘 사용하기 좋답니다.

특히 노란색 비즈왁스를 이용하여 캔들을 만들면 깊고 앤티크한 색감을 낼 수 있어요.

각기 다른 사이즈의 캔들을 여러 개 켜두면 영화에서 보던 로맨틱한 분위기를 연출해보아도 좋습니다. 다만, 왁스의 흐름은 막을 수 없기 때문에 받침은 필수랍니다.

Antique Sealing Pillar Candle

비즈왁스 필라 캔들

Ready

재료

비즈왁스(정제_옐로우) 250g, 프래그런스 향료
17g, 면심지 3호, 양초용 색소(로얄블루, 터콰이즈)

도구

핫플레이트, 비커, 온도계, 계량저울, 양초용
PC몰드, 스패츌러, 심지홀더, 다부치

How to make

1. 비커에 왁스를 계량하여 핫플레이트에 녹입니다.

2. 왁스가 녹는 동안 몰드에 심지를 고정합니다.

3. 왁스의 온도가 85도 이상일 때 색소를 섞습니다.

4. 색소를 섞은 후 향료를 계량합니다.

5. 향료와 왁스가 잘 섞일 수 있도록 스패츌러로 잘 섞어줍니다.

6. 몰드에 왁스를 붓습니다.

7. 완전히 식었을 때까지 굳힌 후 몰드에서 꺼냅니다.

8. 심지를 정리해줍니다.

9. 원하는 이니셜을 이용하여 실링을 합니다.

재료

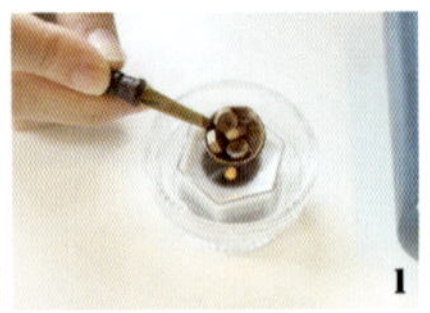

녹이기

양초에 붓기

도장찍기

✚실 스탬프 사용법

예로부터 봉인할 때에 사용된 실 스탬프는
장식용으로도 훌륭한 기능을 하는데요. 실
링왁스를 녹여 캔들 표면에 붓고 왁스가 굳
기 전 스탬프를 꾹 눌러 찍어주면 간단하게
완성돼요. 다만 소이왁스에 사용하기에는
실링왁스의 온도가 높기 때문에 비즈왁스
나 팜왁스에 적합하답니다. 온라인 쇼핑몰
이나 대형 문구에서 구매할 수 있습니다.

◤ Tip

비즈왁스는 온도가 너무 높을 때 몰드에
부으면 갈라지며 굳을 수 있으니 온도에
유의하세요.

Layered Candle

소이왁스로 만드는 컬러 레이어드 캔들

좋아하는 컬러로 캔들을 만드는 것은 어렵지 않게 되었을 거예요.
그런데 그 색이 중간쯤 오게 하고 싶을 때는 어떻게 해야 할까요?

한 색을 부어두고 굳히고, 다시 부어두고 굳히고. 시간이 조금 오래 걸리기는
하지만 조금의 노력으로 사랑스러운 케이크의 단면 같은 모습의 캔들이 완성된
답니다. 몰드의 모양에 따라, 사용하는 컬러에 따라 다양하게 연출할 수 있어요.

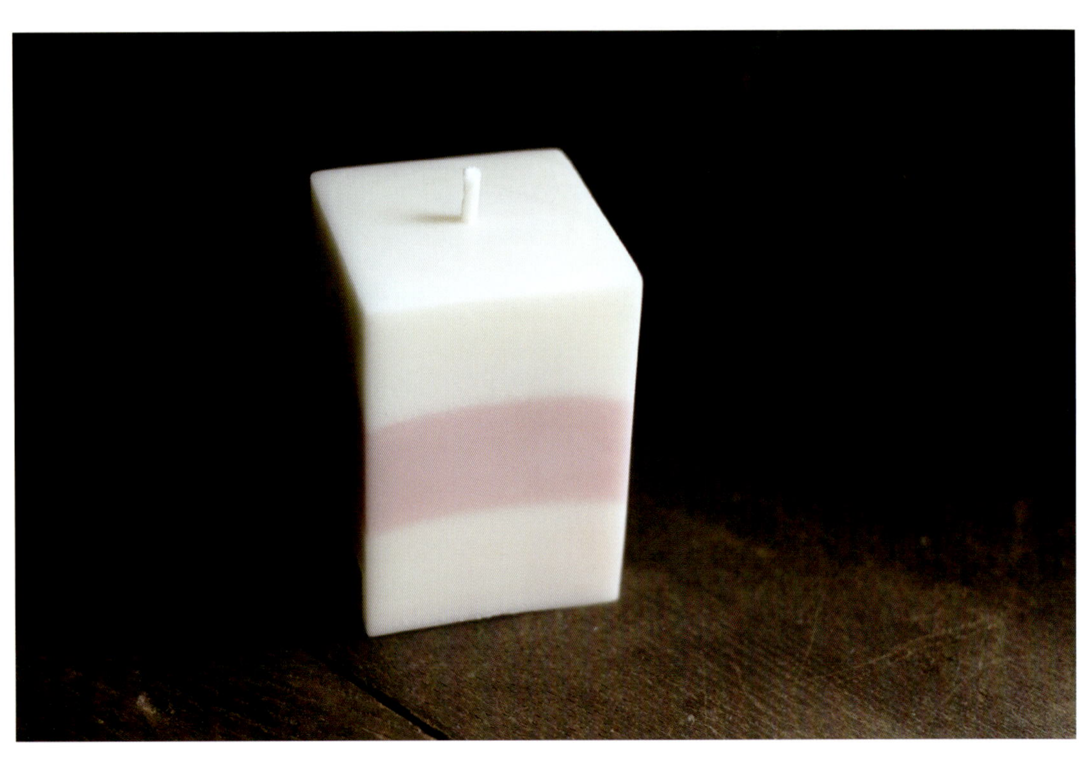

Gradation Candle

팜왁스 그러데이션 캔들

완성하고 나면 표면이 크리스털처럼 반짝거리는 매력의 팜왁스 캔들. 팜왁스 특유의 반짝임과 눈꽃 무늬는 그러데이션 기법을 이용하면 마치 눈 내린 산처럼 신비로운 느낌을 줍니다. 책에서는 한 컬러를 이용하여 아래로 갈수록 점점 진해지게 만들어볼 것인데, 두세 가지 색을 섞어 만들어도 좋습니다.

팜왁스는 야자열매에서 얻어지는 천연 왁스로 작업 온도에 무척 예민하답니다. 만드는 과정은 조금 까다롭지만 완성된 모습은 무척 만족스러울 거예요.

Gradation Candle

팜왁스 그러데이션 캔들

Ready

재료

팜왁스_눈꽃결정 150g, 면심지 3호, 프래그런
스 향료, 색소

도구

핫플레이트, 비커, 온도계, 계량저울, 뿔형 PC
몰드, 심지홀더, 다부치, 스패출러

> **✚ 원하는 컬러 조색**
> 유산지 또는 흰색 아크릴
> 판에 색소를 섞은 상태의
> 왁스를 소량만 떨어뜨려
> 보세요.
> 소량이라 금방 굳기 때문
> 에 굳은 후 캔들의 컬러를
> 알기 쉽습니다.

How to make

1. 비커에 왁스를 계량하여 핫플레이트에 녹입니다.

2. 왁스가 녹는 동안 몰드에 면심지를 고정합니다.

3. 30g의 왁스에 5%의 향료를 계량하여 잘 섞습니다.

4. 몰드에 붓습니다.

5. 부은 왁스의 표면이 굳기 전 50g의 왁스를 계량하여 미량의
   색소를 넣어 섞습니다.

6. 왁스 무게의 5%에 해당하는 향료를 계량하고 몰드에 붓습
   니다.

7. 몰드에 부은 왁스의 표면이 굳기 전 나머지 70g의 왁스를
   계량하여 색소를 진하게 섞습니다.

8. 왁스 무게의 5%의 향료를 계량하고 잘 섞습니다.

9. 부어둔 왁스가 굳기 전에 몰드에 붓습니다.

10. 용기가 식을 때까지 굳힌 후 몰드에서 빼내고 심지를 정리
    합니다.

◾ Tip

왁스의 표면이 굳은 후 다른 컬러의 왁스
를 붓게 되면 그 부분은 선명하게 선이
생기기 때문에 표면이 굳었다면 열풍기
로 녹인 후 작업하세요.

용기에 녹은 왁스를 부어 굳히고, 몰드에 녹은 왁스를 부어 굳히고.

이런 작업들이 조금 단조롭게 느껴질 때, 조금씩 욕심을 부려봅니다.
머릿속에 있는 아이디어를 하나씩 실현시키는 것!
생각보다 더 즐거운 성취감을 느낄 수 있는 일이랍니다.

캔들에 디자인을 더해 조금 더 개성 있는 작품을 만들어보세요.
어떤 것이 정답이라는 생각을 하지 말고 시도해보는 거예요.
말린 꽃잎을 넣어보기도 하고, 색을 쌓아보기도 하고 말이죠.
꼭 불을 붙여야 한다는 고정관념에서 벗어나
다른 방식으로도 캔들을 즐길 수 있는 방법도 소개해볼게요.

PART 3
Design Candle

디자인 캔들

Lavender Candle

라벤더를 이용한 컨테이너 캔들

캔들 용기 벽면에 잘 말린 라벤더를 보이도록 디자인하여 후각과 시각을 만족시키는
캔들이에요. 라벤더 향을 블렌딩하여 숙면에 도움을 주고 마음을 편안하게 해주는
효과가 있는 캔들이라 침실에 두기 좋습니다.
마른 꽃을 넣은 캔들이어서 불을 붙이기가 어렵다면 캔들 워머에 사용해보세요.
인테리어 효과와 더불어 산뜻한 라벤더 향이 침실을 가득 채워줄 거예요.

Lavender Candle

라벤더를 이용한 컨테이너 캔들

Ready

재료
소이왁스(컨테이너용) 160g, 드라이 라벤더, 라벤더 아로마 오일 11g, 유리용기, 면심지 3호, 심지탭, 심지 스티커

도구
핫플레이트, 비커, 온도계, 계량저울, 스패츌러, 심지홀더, 핀셋

How to make

1. 비커에 왁스를 계량하여 핫플레이트에 녹입니다.

2. 왁스가 녹는 동안 용기에 심지를 부착합니다.

3. 소량의 왁스를 먼저 용기에 붓고 살짝 굳도록 둡니다.

4. 라벤더를 용기의 높이에 맞추어 자르고 먼저 부어둔 왁스에 고정합니다.

5. 녹은 왁스의 온도가 55~60도가 되면 라벤더 오일을 계량합니다.

6. 왁스와 오일이 잘 섞이도록 잘 저어줍니다.

7. 유리용기에 부어줍니다.

8. 완전히 굳으면 심지를 정리합니다.

◤ Aroma Knowledge

라벤더(Lavender)
신선하게 자란 꽃잎과 꽃대를 수증기 증류법을 이용하여 추출합니다.
'씻어내다'라는 의미의 라틴어에서 유래한 라벤더 오일은 화장수, 포푸리, 향낭 등 폭넓게 이용되는 가장 대중적인 아로마입니다. 불면증과 고혈압에 효과가 있다고 알려져 있고, 생리 전 생리통을 완화시켜주는 효과가 있습니다.

드라이플라워가 드러나기 시작하면 불이 붙을
우려가 있으니 잘라내면서 사용하거나 캔들워
머에 사용하시길 바랍니다.

Aroma Burner
Tart Candle

아로마 버너용 타르트 캔들

아로마 버너는 아로마 향을 가장 잘 느낄 수 있게 해주는 아이템이에요.
약한 열로 데워서 발향을 시키기 때문에 열로 인한 향의 손실이 적은 편
이지요. 이런 아로마 버너에 사용할 수 있는 캔들을 '타르트 캔들'이라고
한답니다. 작은 큐브 형태의 타르트 캔들을 만들어두고 반신욕을 할 때,
또는 독서할 때에 사용해보세요.
완벽하게 자신을 위한 시간을 가질 수 있을 거예요.

Aroma Burner Tart Candle

아로마 버너용 타르트 캔들

Ready

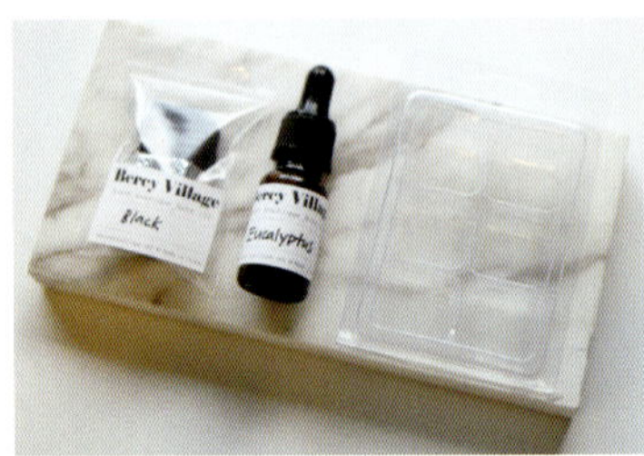

재료
소이왁스(골든왁스 GW416) 60g, 아로마오일(유칼
립투스) 3g, 양초용 색소, 드라이된 유칼립투스

도구
핫플레이트, 비커, 온도계, 계량저울, 스패츌러,
심지홀더, 핀셋, 실리콘 몰드 또는 타르트 틀

How to make

1. 비커에 왁스를 계량하여 핫플레이트에 녹입니다.

2. 녹은 왁스의 온도가 75도가량 되면 원하는 색의 양초용 색소를 섞어줍니다.

3. 녹은 왁스의 온도가 55~60도가량 되면 아로마 오일을 계량하여 잘 섞어줍니다.

4. 타르트 캔들 틀에 붓습니다.

5. 표면이 살짝 굳었을 때 마른 유칼립투스를 올려 장식합니다.

   TIP 작은 잎은 그대로 올려도 좋고, 큰 잎사귀는 잘게 부셔 사용해도 좋습니다.

6. 완전히 굳은 후 한 조각씩 빼내어 아로마 버너에 사용합니다.

■ **Aroma Knowledge**

유칼립투스(Eucalyptus)
유칼립투스의 신선한 잎 또는 말린 잎을 증기 증류하여 추출하며 흡입용 약제,
비누, 구강 청결제 등으로 폭넓게 사용되는 아로마입니다. 유칼립투스 오일의 시
네올 성분은 특히 강한 방부성 및 항균작용을 갖고 있기 때문에 가정용 살균제
로 사용하기도 합니다. 비염과 기관지염에 효과가 좋은 것으로 알려져 있습니다.

"

Birthday Candle

특별한 날을 더 특별하게

1년 중 가장 기다려지는 날, 바로 나 자신이나 사랑하는 사람의 생일이 아닐까
요? 시중에 판매되고 있는 수많은 생일 초나 숫자 초는 대부분 파라핀 성분이기
때문에 혹시라도 녹아내려 케이크에 떨어지면 걱정되는 마음이 들지요.

이번에는 고대부터 사용해오던 디핑(dipping) 기법을 이용해서 작고 사랑스러운
막대 모양의 캔들을 만들어보겠습니다. 왁스를 녹여서 용기에 붓거나 몰드에 붓
는 것보다는 시간과 정성이 더 많이 필요하지만, 예쁜 생일 초를 직접 만들어서
사용하고 선물해보세요. 특별한 날이 더 특별하게 느껴집니다.

*양초의 디핑 기법 : 녹은 왁스에 심지를 담구고 식히고를 반복하며 원하는 두께로 만드는 것

Birthday Candle

특별한 날을 더 특별하게

Ready

재료

비즈왁스(정제_화이트) 400g, 면심지 10합, 양초용 색소(버건디)

도구

핫플레이트, 비커 2개, 온도계, 계량저울, 스패출러, 나무막대, 핫탑(선택)

How to make

1. 왁스를 계량하여 핫플레이트에 녹입니다.

2. 녹은 왁스에 양초용 색소를 넣어 원하는 색을 냅니다.

3. 녹은 왁스가 식지 않도록 핫탑에 올리고(핫플레이트 대체 가능) 하나의 비커에는 물을 가득 채워 준비합니다.

   TIP 1 왁스의 온도는 70도 이상이 되도록 유지해주세요.

   TIP 2 핫플레이트 사용 시 가장 낮은 온도로 맞춘 후 작업하세요.

4. 나무막대에 심지를 꼬아 두 가닥으로 고정합니다.

5. 나무막대에 고정한 심지를 왁스가 담긴 비커에 담갔다 뺍니다.

6. 물이 담긴 비커에 담갔다 빼내고 물기를 닦아줍니다.

   TIP 물기를 닦지 않으면 양초에 기포가 생길 수 있으니 반드시 물기를 제거하세요.

7. 원하는 두께가 될 때까지 반복합니다.

8. 완전히 식힌 후 심지를 정리합니다.

◼ Tip

비커에 담긴 왁스의 높이가 양초의 길이가 됩니다. 보다 길게 만들고 싶을 때에는 왁스의 양을 조절하여 양초의 길이를 늘리거나 줄일 수 있습니다.

Colorchip Chunky Candle

비즈왁스를 이용한 컬러 칩 캔들

좋아하는 컬러로 조색한 왁스를 얇게 펴 굳히고 손으로 툭툭 잘라내어 독특하고도 오묘한 컬러를 가진 캔들을 만들어보는 시간이에요. 어떤 색을 사용하느냐, 어떤 몰드를 사용하느냐에 따라 다양한 느낌의 캔들을 디자인해볼 수 있어요.

왁스를 얇게 펴서 사용하는 플랫 기법을 이용하여 컬러 칩을 만들고, 온도 차를 이용하여 넣어둔 컬러 칩이 녹지 않도록 작업하는 것이 컬러 칩 캔들의 포인트입니다.

Colorchip Chunky Candle

비즈왁스를 이용한 컬러 칩 캔들

Ready

재료
비즈왁스(정제_화이트)250g, 면심지 3호, 향료
17g, 양초용 색소

도구
핫플레이트, 비커, 온도계, 계량저울, 양초용
PC몰드, 스패출러, 심지홀더, 다부치
오븐 팬, 종이호일

How to make

1. 비커에 왁스를 계량하여 핫플레이트에 녹입니다.

2. 몰드에 심지를 고정합니다.

3. 왁스의 온도가 85~90도 일때 색소를 넣어 잘 섞습니다.

4. 왁스의 온도가 80~85도가 되면 향료를 계량합니다(왁스 100g+향료 7g).

5. 향료와 왁스가 잘 섞일 수 있도록 스패출러로 섞어줍니다.

6. 평평한 오븐 팬에 종이호일을 깔고 절반 분량의 왁스를 얇게 퍼지도록 붓습니다.

7. 나머지 왁스에 색을 더 넣어 진한 색을 만들고 오븐 팬에 붓습니다.

8. 완전히 식었을 때까지 굳힌 후 종이호일을 살짝 들어 굳은 왁스를 떼어냅니다.

9. 사용할 크기로 잘라둡니다.

10. 몰드에 컬러 칩을 넣습니다.

11. 몰드에 부을 비즈왁스에 향료를 계량하여 스패출러로 잘 섞어줍니다(150g+10g).

12. 75~80도가 되면 몰드에 부어줍니다.

13. 완전히 굳으면 몰드에서 빼낸 후 심지를 정리합니다.

◀ Tip

넣어둔 컬러 칩이 녹을 우려가 있으니 온도에
주의하세요.

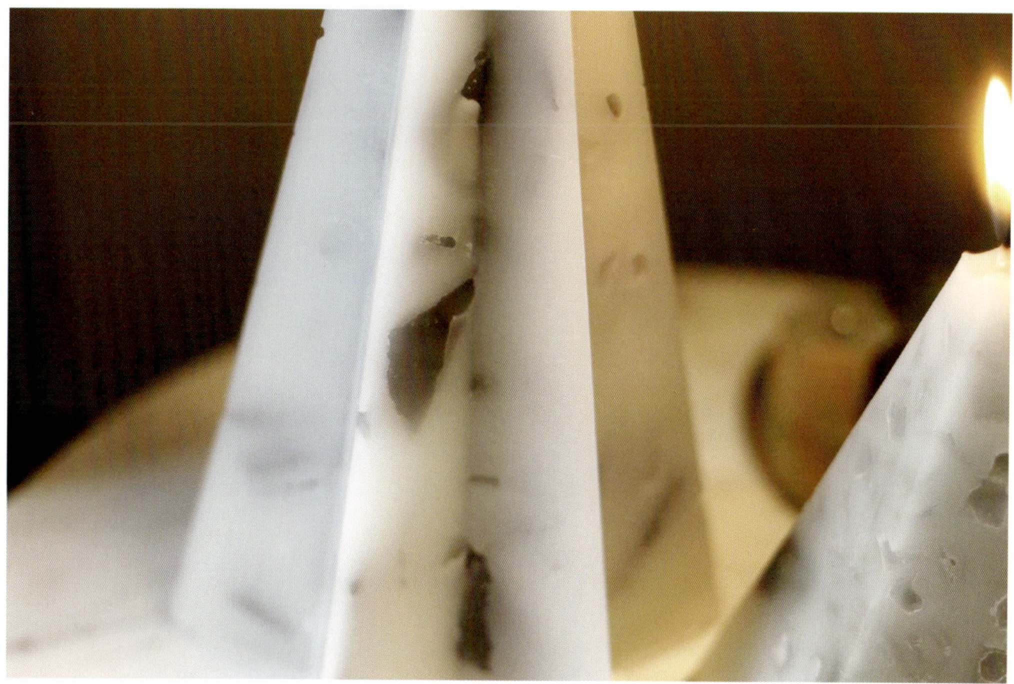

향기가 있는 소품, 센티드 오너먼트는 점화를 하지 않아도
공간에 향기를 부여할 수 있는 제품들을 뜻합니다.

간단하게 뚜껑을 열어두면 향기를 내는 소품,
내가 있는 공간에 늘 같은 향기가 나도록 해주는 방향제들은
생활공간에 보이지 않는 감성을 더해줍니다.

캔들처럼 불을 밝히지 않아도 되기 때문에 화재의 위험성이 없어
애완동물을 키우는 가정, 어린 아이가 있는 가정에서 활용하기 좋지요.
그리고 대부분 제작과정에서 가열기구가 필요하지 않기 때문에
아이들과 함께 만들어보는 시간을 갖는 것도 좋습니다.

만들기 간편하고 즐기기 또한 간편해서 더욱 좋은 소품,
홈 프레그런스의 시작은 센티드 오너먼트로 해보시면 어떨까요?

PART 4
Scented Ornament
센티드 오너먼트

Dryflower
Plaster Perfumer

드라이플라워로 장식한 석고방향제

드라이플라워의 아름다움과 향기를 동시에 즐길 수 있는 방향제로 향기가 필요한 곳에 걸어두고 즐길 수 있어요. 옷장이나 싱크대의 하부장, 사물함 등 좁은 곳에서는 무척 오랫동안 향기를 뿜어내고, 바람이 잘 드는 곳에서는 은은한 향을 발산하는 작은 퍼퓨머예요. 향이 더 이상 느껴지지 않을 때에는 뒷면에 아로마 오일을 몇 방울 떨어뜨려 영구적으로 사용할 수 있지요.

선물받은 꽃이 시드는 게 아쉽다면 통풍 잘되는 곳에 말려두었다가 방향제로 만들어보세요. 그날의 기분을 오래도록 기억할 수 있을 거예요.

Dryflower Plaster Perfumer

드라이플라워로 장식한 석고방향제

Ready

재료
방향제용 석고, 물, 프랑킨센스 아로마 오일, 올
리브 리쿼드, 장식용 드라이플라워

도구
저울, 스패츌러, 핀셋, 태블릿형 몰드

How to make

1. 방향제용 석고와 물을 3:1 비율로 섞습니다(60g의 석고 가루와 20g의 물 사용). 이때 스패츌러를 이용하여 덩어리가 생기지 않도록 잘 섞어줍니다.

2. 석고와 물 양의 5%를 계량하여 프랑킨센스 아로마 오일(4g)을 넣어줍니다.

3. 프랑킨센스 아로마 오일의 50%를 계량하여 올리브 리쿼드를 넣고 잘 섞어줍니다.

   TIP 올리브 리쿼드는 물과 오일이 잘 섞이게 해주는 역할입니다.

4. 태블릿형 몰드에 붓고 2~3분가량 기다립니다.

5. 준비해둔 드라이플라워로 장식합니다. 핀셋을 사용하면 편리합니다.

6. 한 시간가량 굳힌 후 몰드에서 잘 빼내고 리본 등으로 장식하여 걸어둡니다.

■ Aroma Knowledge

프랑킨센스(Frankincense)
유향이라 알려진 프랑킨센스는 올레오 검수지로서 다양한 종의 나무껍질에서 생리적으로 배출되어 나오는 삼출액이 굳어서 형성됩니다. 불안, 신경 긴장, 스트레스 관련 증상을 완화하는 데에 사용할 수 있으며 명상에 효과적입니다. 무독성, 무자극성, 비민감성으로 보고되어 비교적 안정적인 아로마 테라피를 즐길 수 있습니다.

■ Tip

너무 굳었을 때 장식하게 되면 석고가 깨질 수
있으니 주의하세요!

Gold Resin Stone Perfumer

반짝거리는 천연 수지 방향제

침엽수 등의 수액의 휘발성분이 휘발하고 나머지 성분이 고화한 것을 뜻하는 천연 수지(레진)는 붉은빛이 감도는 골드 컬러를 띠고 있어요. 여느 보석처럼 아름다운 반짝임을 가지고 있는 천연 수지는 향료가 닿으면 반짝임이 더해집니다.

숙성시킨 후 예쁜 유리 돔에 담아 평상시에는 인테리어 소품으로 눈으로 즐기고, 향기가 필요할 때에는 뚜껑을 열어 방향제로 즐깁니다. 항상 향이 필요하지 않은 곳이거나 디퓨저의 발향이 부담스러울 때에 실용적입니다.

Gold Resin Stone Perfumer

반짝거리는 천연 수지 방향제

Ready

재료
레진스톤, 향료(시더우드, 패출리), 유리돔형 컨테
이너

도구
유리비커, 유리막대, 계량저울

How to make

1. 레진스톤 100g을 준비합니다.

2. 레진스톤의 무게 대비 5%의 향료를 계량합니다(시더우드 3g+패출리 2g).

3. 레진스톤과 향료를 유리막대로 조심스럽게 저어 섞이게 합니다.

4. 유리비커에 천이나 랩을 씌워 하루 동안 숙성합니다.

5. 숙성 후 유리 돔 컨테이너에 담아 사용합니다.

◤ Tip

레진스톤은 알코올에 용해되는 성질을 갖고 있
으니 알코올 성분이 함유되어 있는 제품을 향료
로 사용할 때 소량씩 넣어가며 테스트해보세요.

germain diptyque 34 boulevard sain
PHILOSYKOS
B
BERCY VILLAGE
SCENT BOUTIQUE NUHA 153

Scented Paper

옷걸이에 하나씩, 종이방향제

옷에 은은한 향기를 남기는 방법은 여러 가지가 있지만, 은은한 향기를
남기기 가장 좋은 방법은 이 종이방향제입니다. 도톰한 종이에 향료를
살짝 뿌려두고 종이봉투에 담아 옷걸이에 걸어두거나 코트 안주머니
에 넣어두세요. 옷에서는 어느새 은은한 향이 배어나와 옷장은 향기로
가득해집니다. 가볍게 하나씩 걸어두면 탈취 효과와 방향 효과까지 누
릴 수 있어요.

그리고 또 사용하기 좋은 곳은 가방 속이에요. 가방은 세탁이 어려운
경우가 많기 때문에 퀴퀴한 냄새가 나기 쉬운데 종이방향제는 부피적
인 부담이 없고 강도도 조절할 수 있기 때문에 유용합니다. 향기가 약
해지면 속지에 향료나 향수를 뿌려 지속적으로 사용할 수 있답니다.

Scented Paper

옷걸이에 하나씩, 종이 방향제

Ready

재료

코팅되지 않은 종이, 향료, 리본 테이프, 아일렛

도구

칼, 자, 커팅매트, 양면테이프, 아일렛 펀치

How to make

1. 봉투용 종이를 도안대로 잘라둡니다.

2. 시접에 양면테이프를 붙여 봉투 모양을 만듭니다.

3. 속지용 종이를 봉투 사이즈보다 작게 잘라둡니다(2장).

4. 속지용 종이에 향료를 묻힌 후 종이에 흡수시킵니다.

5. 향료를 묻히지 않은 종이와 겹쳐 봉투에 넣습니다.

6. 입구를 펀치로 뚫고 아일렛을 달아줍니다.

7. 도장 등으로 장식하고 고리용 끈을 달아 사용합니다.

2-1 센트페이퍼 도안

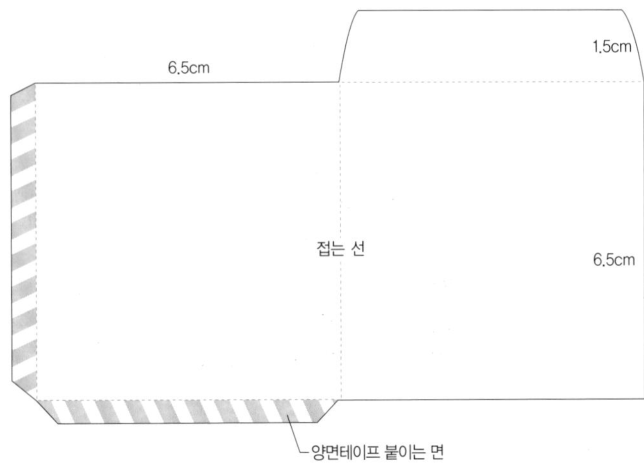

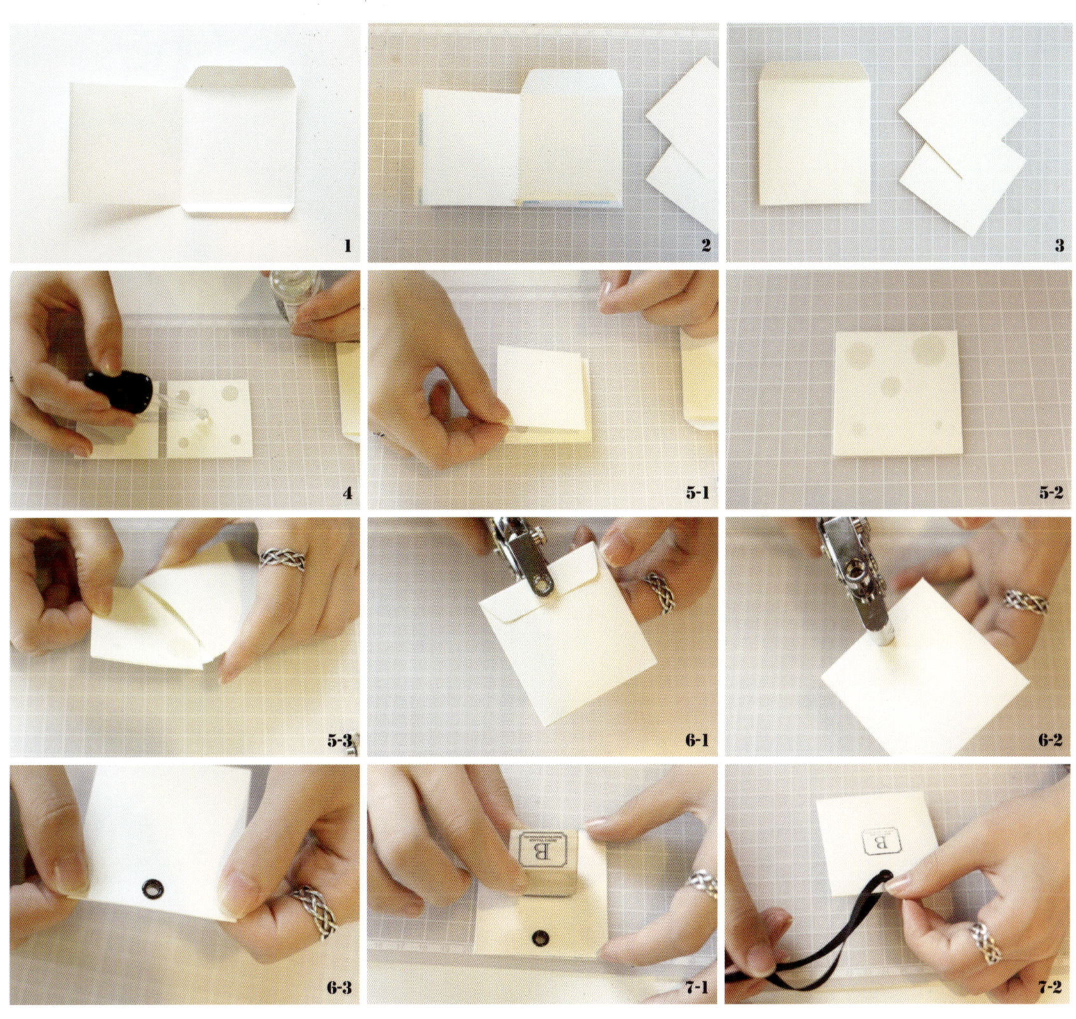

◤ Tip

사이즈를 달리해서 향의 강도를 조절해보아도
좋아요. 예를 들면 겨울용 외투에는 조금 크게,
얇은 블라우스 등에는 작게 만드는 것이지요.

Bercy Village
Scent BoutiqueNUHA 153

Dress Perfume

좋아하는 향기로 직접 만들어 사용하는 섬유 탈취제

즐거운 점심시간, 식사하러 다녀오면 머리나 옷에 음식 냄새가 잘 배고 쉽게 없어지지 않았던 경험은 모두 있으실 거예요. 저녁에 약속이라도 있으면 정말 난감하죠. 이럴 때 필요한 것이 바로 섬유 탈취제입니다. 시중에 판매하는 것도 많지만 좋아하는 향기로 직접 만들어볼 수 있어요.
부담스럽지 않게 작은 사이즈로 만들어서 가방 속에 넣고 다니며 필요한 순간 뿌려서 불쾌한 냄새를 없애보는 건 어떨까요?

Bercy Village
Scent BoutiqueNUHA153

Coronamatic
Bercy Village

Dress Perfume

좋아하는 향기로 직접 만들어 사용하는 섬유 탈취제

Ready

재료

드레스 퍼퓸 베이스, 수성 베이스, 향료, 스프레이 용기

도구

유리비커, 유리막대, 계량저울

How to make

1. 향료 3g과 수성 베이스 9g를 스포이드를 이용하여 계량합니다(1:3 비율).

2. 유리비커에 넣어 잘 섞습니다.

3. 드레스 퍼퓸 베이스 80ml를 계량합니다.

4. **1**과 **3**을 잘 섞습니다.

5. 스프레이 용기에 담아 사용합니다.

■ Tip

수성 베이스는 드레스 퍼퓸 베이스와 향
료가 잘 섞이게 해주는 역할을 합니다.
향료가 잘 섞이지 않고 겉도는 경우 수성
베이스를 향료의 5배로 넣어보세요.
주의! 향료 자체에 색이 있는 경우 섬유
에 뿌렸을 때에 착색될 우려가 있으니 주
의하세요.

Be
Scent

Room Airfreshner

스프레이 타입의 방향제

급하게 향기가 필요할 때, 가장 좋은 아이템은 바로 스프레이 방향제입니다.
손님이 오시기 전, 음식 냄새 등으로 에티켓이 요구되는 때에 두루 사용하기 편리하기 때
문인지 예전부터 생활용품 코너에 가면 항상 있는 것이 스프레이형 방향제였죠.
시중에서도 쉽게 구할 수 있지만 천연 아로마 향을 이용하여 내가 좋아하는 재료만으로
만들어보는 방향제는 무척 가치 있게 느껴집니다.

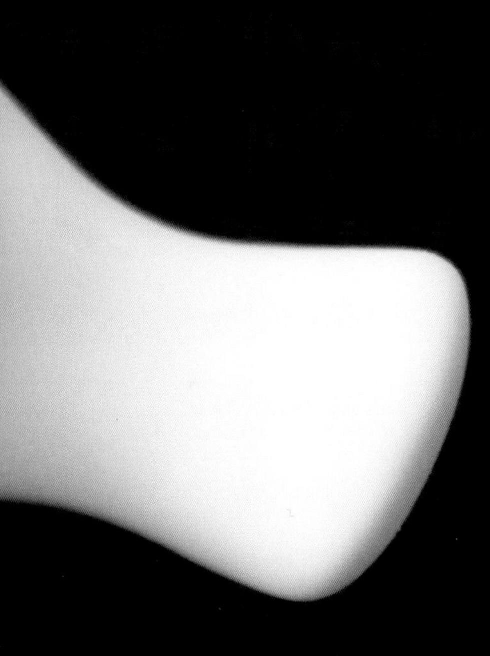

Bird Plaster
Ornament

새 모양의 석고방향제

석고로 만든 방향제는 형태도 변하지 않고, 향료를 뿌려
영구적으로 사용할 수 있다는 장점이 있어요. 장식품으로
써의 역할과 동시에 방향제로써도 훌륭한 석고방향제는
석고가 가진 제습 효과 덕분에 옷장이나 서랍 등에 넣어두
면 탈취 효과가 우수하고, 발향도 좋은 편이에요.

어딘지 밋밋해 보이는 공간. 은은한 향기가 필요한 곳에
두고 사용해보세요. 귀여운 모습과 향긋한 내음이 그곳에
대한 좋은 기억을 남겨줍니다.

Aroma Diffuser

버드나무 가지 디퓨저

공간에 향기를 부여하는 가장 쉬운 방법은 디퓨저를 두는 것입니다.
불을 피우지 않아도 되고, 늘 향이 나기 때문에 가장 선호하는 스타일의 방향
제이기도 하지요. 거실처럼 넓은 공간이나 욕실, 침실 등의 공간에 두고 발향스
틱의 개수를 조절하여 발향강도를 조절할 수도 있어서 편리하고, 인테리어의
역할도 충분히 한답니다.
아로마가 가진 특성을 이용하여 공간마다 다른 향으로 디자인해보는 것도 재
미있는 경험이 될 것입니다.

Aroma Diffuser

버드나무 가지 디퓨저

Ready

재료
디퓨저 베이스, 페티그레인 아로마 오일, 버드
나무 가지, 입구가 좁은 유리병

도구
계량저울, 유리비커, 유리막대, 유리 실린더

How to make

1. 실린더에 디퓨저 베이스 75ml를 계량합니다.

2. 페티그레인 오일 25ml를 계량합니다.

3. 유리비커에 옮겨 담아 유리 막대를 이용해서 잘 섞어줍니다.

4. 공병에 담아 2주간 숙성합니다.

5. 입구가 좁은 유리병에 옮겨 담고 버드나무 가지를 꽂아 사
   용합니다.

■ **Aroma Knowledge**

페티그레인(Petitgrain)
비터오렌지 나무의 잎을 수증기 증류법으로 추출합니다. 소화불량, 우울감, 불면
증을 완화하는 데 효과가 있다고 알려져 있으며 활력을 부여하는 데 도움을 줍
니다. 또한 탈취성을 갖고 있어 목욕용품에도 널리 이용되고 있습니다. 무독성,
무자극성, 비과민성으로 보고되어 비교적 안정적인 아로마 테라피를 즐길 수 있
습니다.

◼ Tip

발향 스틱의 개수가 많을수록 향이 강하
게 느껴지고 용액이 빠르게 닳습니다. 공
간에 따라 조절하여 사용하고 한 달에 한
번은 스틱을 교체하는 것이 좋습니다.

Potpourri

아로마틱 포푸리

프랑스어로 발효시킨 항아리라는 뜻의 포푸리는 마른 꽃이나 과일, 잎사귀 등에 향료를 뿌려 향을 머금게 하여 그 향을 즐기는 것으로, 뚜껑이 있는 병에 담아 사용하는 포맨더(Pomander)와 주머니에 넣는 사셰(sachet) 형태로 나누어집니다. 예로부터 귀부인들의 취미로도 만들어졌고, 고대 이집트 왕의 무덤에서도 발견되었다고 하니 향기를 즐기는 문화는 인류의 시작과 함께했다고 할 수 있죠. 병에 담아도 예쁘고, 향주머니에 달아 사용해도 좋은 포푸리. 만드는 방법을 익힌 후 다양한 다른 소재들로도 응용해보세요.

Solid Perfume

고체 향수_솔리드 퍼퓸

종일 긴장되고 스트레스가 쌓이는 날이 있죠. 그럴 때는 따뜻한 차를 마시거나, 잠시 명상에 잠기거나, 가벼운 마사지를 하는 등 자신만의 해결 방법이 있을 거예요. 저는 유용하게 사용할 수 있는 아로마 테라피를 이용해서 스트레스가 유독 심하고 두통이 지끈지끈 할 때 이 페퍼민트향 솔리드 퍼퓸을 바르곤 해요. 페퍼민트 아로마의 효과로 평안을 되찾을 수 있거든요.

몸에 바를 수 있는 향수, 고체 향수_솔리드 퍼퓸을 만들어봅니다.

Bercy Village
Scent BoutiqueNUHA 153

Bercy Village
Scent BoutiqueNUHA 133

Solid Perfume

고체 향수 _ 솔리드 퍼퓸

Ready

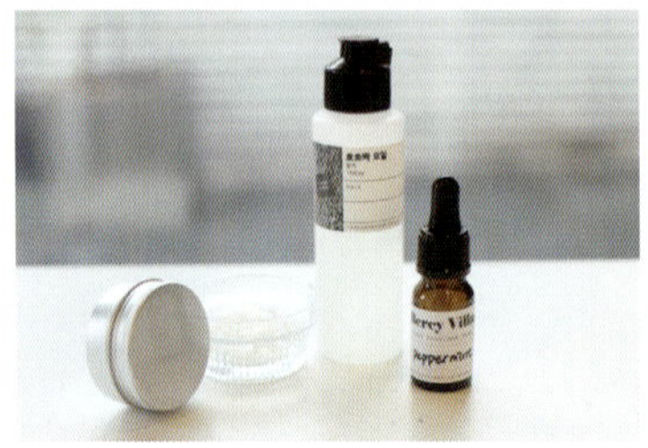

재료
호호바 오일 정제, 비즈왁스, 작은 틴케이스, 페퍼민트 에센셜 오일

도구
계량저울, 핫탑(핫플레이트 대체 가능)

How to make

1. 틴케이스에 비즈왁스 3g를 계량합니다.

2. 호호바 오일 12g을 계량합니다(1:4 비율).

3. 핫탑(또는 핫플레이트)에 저온으로 녹입니다.

4. 페퍼민트 아로마 오일 1g을 계량합니다.

5. 잘 섞일 수 있도록 저어줍니다.

> **TIP** 이때 녹은 왁스가 저온이기 때문에 덩어리가 생길 수 있습니다. 왁스의 온도가 높을 때에 아로마 향료를 넣게 되면 쉽게 휘발되므로 낮은 온도에서 그대로 작업합니다.

6. 완전히 굳힙니다.

■ Aroma Knowledge

페퍼민트(Peppermint)
유럽 남부가 원산지인 페퍼민트는 잎을 말려 수증기 증류법으로 추출합니다. 달콤하고 깨끗한 향을 내며 식품의 향료, 구강청정제, 세제 등 광범위하게 사용되고 있습니다. 예로부터 소화계 질환의 치료제로도 사용되어왔고, 긴장성 두통 질환에 효과가 있다는 보고가 있습니다. 무독성, 무자극성이나 어린이에게는 직접 사용을 자제하는 것이 좋습니다.

■ Tip

아로마를 선택할 때에는 피부에 바를 수
있는 것으로 사용합니다.

사람들의 관심은 이제 내가 사는 곳에 향하고 있습니다.
의복에서 먹거리, 먹거리에서 사는 곳으로
생활수준이 높아짐에 따라 관심사도 변하기 마련이죠.

사는 곳의 향기는 타인에게 보여주기 위함이 아니라 나와 가족을 위한 것입니다.
이 소중한 공간을 기분 좋은 향기, 안정이 되는 향기,
활력을 주는 향기로 채운다는 것은 무척 가치 있는 일입니다.

앞서 다룬 내용들을 바탕으로 하여 집 안의 여러 공간을 향기로 채워보세요.

PART 5
Home Fragrance

공간에 어울리는 향기 연출하기

Living room

거실

집에서 가장 넓은 부분을 차지하는 거실은 가족이 모여 이야기도 나누고 텔레비전 시청도 하며 오랜 시간을 보내는 곳입니다.

모두를 위한 공간에는 은은하면서도 활력을 줄 수 있는 향이 좋아요.
시트러스 계열의 버가못에 유칼립투스를 살짝 섞어보면 어떨까요?
누구에게도 부담되지 않으면서도 긍정적 에너지를 받을 수 있어요.

거실 중앙 테이블에 아로마 버너와 디퓨저 또는 포푸리를 둡니다.
포푸리의 향이 다소 강하게 느껴진다면 필요할 때에 열어두면 되고, 디퓨저나 아로마 버너는 늘 켜두어도 부담스럽지 않은 향을 즐길 수 있습니다.
아로마 버너에는 티라이트가 필요하니 옆에 두고 사용하면 더 좋겠지요.

이런 향기 속에 맞이하는 가족의 일상은 더욱 풍요롭습니다.

Berry Village
Orange s

Bedroom

침실

가장 개인적인 공간이며 편안해야 하는 곳이 침실입니다.
하루의 1/3을 보내는 곳이기에 중요하게 여겨지지만, 가장 편안한 이곳에서도
불면증을 호소하는 경우가 무척 많습니다.

현대인이 가장 빈번하게 겪는 증상인 불면증에 도움이 되는 대표적인 아로마로
는 라벤더와 오렌지가 있습니다. 신경이 곤두설 때, 안정감을 가져다주는 효과
가 있고 불안감을 해소하는 데에 좋은 라벤더와 우울감 완화에 좋은 오렌지를
함께 사용하여 캔들과 작은 포푸리를 침실에 두고 사용해보세요.

잠자리에 들기 1~2시간 전, 캔들을 켜두면 잠들 때쯤이면 은은한 아로마의 향
이 침실에 가득합니다. 그러나 캔들을 켜두고 취침하는 것은 혹시 모를 화재의
위험이 염려되므로 캔들 워머*를 추천합니다.

캔들 워머에 캔들을 놓으면 촛농이 어느 정도 생겨야 발향이 풍부해지기 때문
에 30분~1시간가량 미리 켜둡니다. 그리고 작은 접시에 말린 오렌지를 두고
오렌지 아로마를 몇 방울 뿌려두면 자연스레 라벤더 향과 오렌지 향이 혼합되
어 두 아로마의 효과를 동시에 누릴 수 있습니다.

*캔들워머는 램프의 열로 캔들 표면을 녹여 발향시키는 원리를 가진 조명기구인데요, 불
꽃 없이 캔들의 장점을 느낄 수 있고 소품으로써의 역할도 훌륭합니다. 아로마 캔들이나
드라이플라워로 장식한 캔들을 사용할 때에 가장 좋고 반복적으로 사용하다 보면 향이 잘
나지 않을 수 있으니 녹은 촛농을 주기적으로 따라내고 사용하는 것이 좋습니다. 따라낸
왁스는 티라이트 캔들 등의 작은 캔들을 만들 때 다시 사용할 수 있습니다.

Bathroom

욕실

욕실이라고는 하지만 화장실과 욕실이 함께 있는 경우가 대부분입니다. 습기에 쉽게 노출되고, 잘못하면 악취에 시달릴 수 있는 장소인 욕실에는 청결함이 중요하게 여겨지는 곳이기에 우수한 항균 효과를 갖고 있는 레몬그라스와 페퍼민트, 유칼립투스 등이 좋습니다.

습기를 없애줄 수 있는 티라이트 캔들과 즉각적으로 향기를 부여하는 룸 스프레이가 욕실에 사용하기 제격인 아이템입니다. 티라이트 캔들은 3~4시간가량 연소하고 저절로 소화하기 때문에 외출했을 때도 걱정이 없고, 룸 스프레이 또한 에티켓을 위해 비치해두고 사용하기 유용합니다. 다만 티라이트 캔들을 사용할 때에는 캔들 홀더에 넣어 사용하는 것이 좋습니다.

욕실과 화장실에 어울리는 향기들로 티라이트 캔들과 룸스프레이를 만들어 사용하는 센스로 청결하고 쾌적한 장소를 만들어보세요.

Kitchen

주방

요리를 하고, 식사를 준비하는 풍요로운 주방에서는 언제나 맛있는 냄새가 나죠. 먹을 때는 행복하지만 그 후 쉽게 사라지지 않는 냄새에 곤란했던 적이 있을 것입니다. 특히 무언가를 굽거나 볶으면 그 냄새는 온 집 안으로 퍼져나갑니다.

이럴 때 좋은 것은 캔들입니다.
캔들은 연소하면서 주변의 공기를 흡수하여 냄새를 없애는 데 큰 효과가 있기 때문에 식사를 준비하는 시간에는 몇 개씩 켜두곤 하는데, 요리하며 느끼는 로맨틱한 느낌도 참 좋습니다.

주방에서 사용하는 캔들은 아무래도 향기가 조금 세게 느껴지는 것이 효과적이기 때문에 아로마 오일보다는 프래그런스 오일을 선택하여 만드는 것을 추천합니다.

그리고 주방의 싱크 하부장, 서랍도 습기로 퀴퀴한 냄새가 나기 쉬운 곳이니 습기 제거 효과가 탁월한 석고방향제를 놓아두면 도움이 됩니다. 식기류 서랍에는 향기 없이 만들어 습기 제거만 해도 되겠죠. 다만 석고 오너먼트는 습기를 머금게 되므로 한 달에 한 번 정도 햇볕에 말려주는 것이 좋습니다.

상큼한 과일향이나 싱그러운 꽃향기로 불쾌할 수 있는 음식 냄새와 퀴퀴한 습기를 없애보는 것은 어떨까요? 어느새 불쾌한 냄새는 사라지고 향긋한 향기로 차게 될 것입니다.

DIY TIP 1

선물 포장 아이디어

정성이 가득 담긴 선물을 만들었는데, 사이즈에 맞는 상자를 구하기 어려울 때가 많습니다. 이럴 때 이용해보면 좋은 선물 포장 아이디어를 소개해드릴게요. 어렵지 않은 방법으로 내용물의 사이즈대로 크기 조절도 가능하답니다.

DIY TIP 1

선물 포장 아이디어

Ready

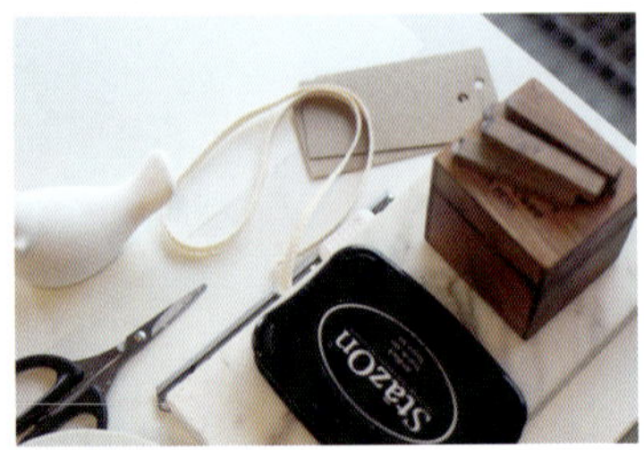

재료
종이, 양면테이프, 리본테이프, 아일렛, 태그, 장
식용 드라이플라워

도구
칼, 자, 펀치, 스탬프

How to make

1. 준비된 종이의 한쪽 끝을 1cm가량 접어 시접을 만듭니다.

2. 담으려는 물체의 길이보다 2배 길게 접습니다(예시_물체가 7cm
   라면 14cm 폭으로 접습니다).

3. 시접에 양면테이프를 붙여 접착하고 나머지 부분은 잘라냅
   니다.

4. 바닥이 될 부분은 담으려는 물체의 너비만큼으로 잡아서 접
   습니다.

5. 양쪽으로 펼쳐 삼각 모양으로 접습니다.

6. 중앙선을 0.5cm씩 넘어오도록 접습니다.

7. 양면테이프를 이용하여 접착합니다.

8. 옆면을 접습니다.

9. 펼쳐서 빵 봉투 형태로 만듭니다.

10. 필요한 길이만큼 자릅니다.

11. 입구 쪽에도 시접을 만들어 접어 넣습니다.

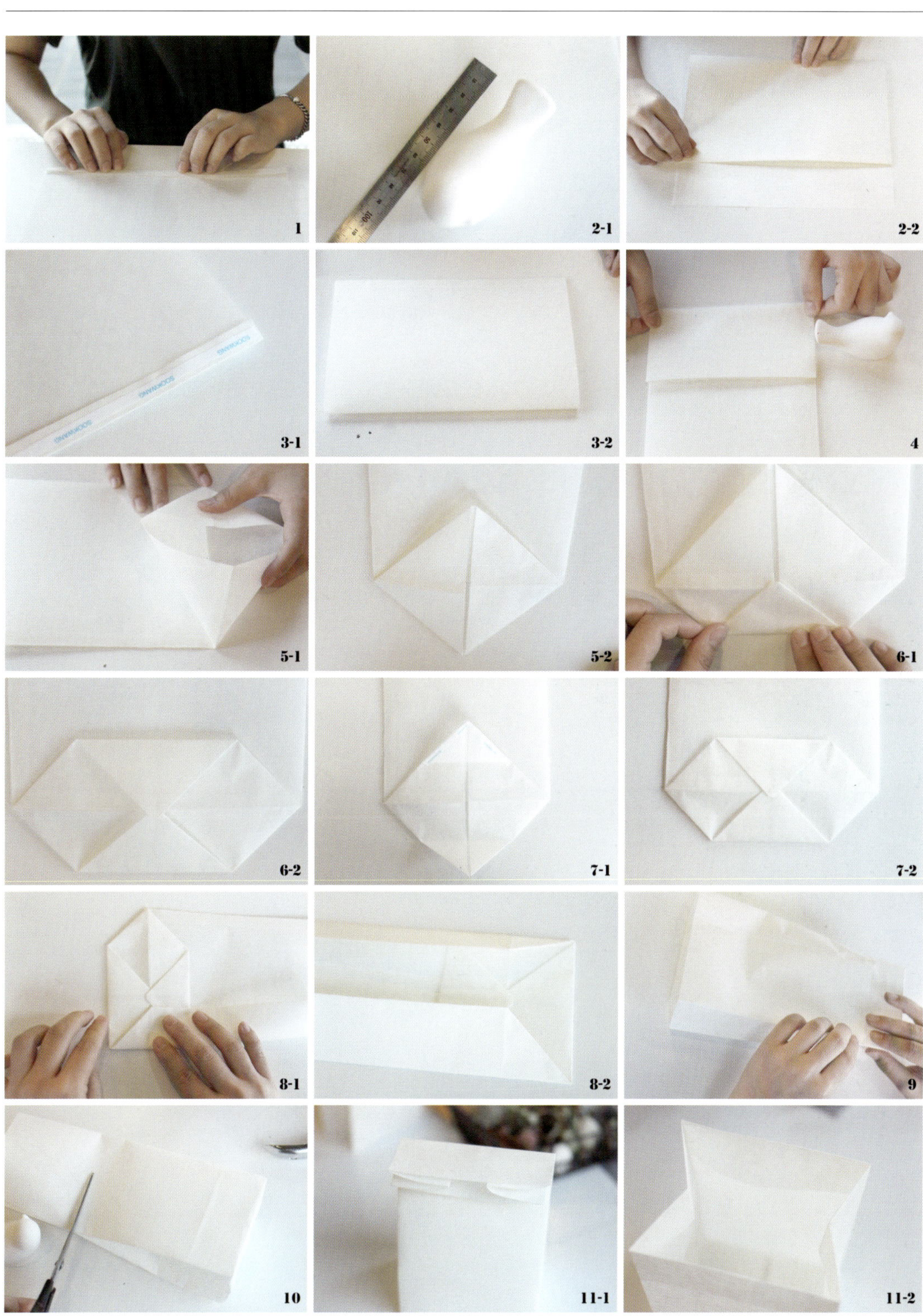

12. 안쪽에 습자지 등으로 완충작용을 할 수 있게 깔아주고 내
용물을 배치합니다.

13. 입구 쪽에 펀치를 이용하여 구멍을 내고 리본테이프를 끼
웁니다.

14. 말린 오렌지에도 펀치로 구멍을 내어 끼우고 태그도 끼운
후 리본을 묶습니다.

DIY TIP 2

석고 마블 트레이 만들기

필라 캔들이나 티라이트를 사용할 때에 받침대가 하나 있으면
좋겠다는 생각이 들었어요. 판매하는 다양하고도 예쁜 아이템
이 많지만 직접 만들어보면 더욱 의미 있겠죠.
간단하게 석고와 수채화 물감을 이용하여 대리석 무늬가 근사
한 마블 트레이를 만들어봅니다.

DIY TIP 2

석고 마블 트레이 만들기

Ready

재료
석고 가루, 물, 수채화 물감

도구
실리콘 몰드, 계량저울, 스패츌러, 실리콘 몰드

How to make

1. 종이컵에 물 20g을 계량합니다.

2. 석고 가루 60g을 계량한 후 스패츌러를 이용하여 잘 섞습니다.

3. 물과 석고를 섞은 반죽 40g을 몰드에 붓습니다.

4. 남은 석고반죽에 물감을 소량 넣고 잘 섞어줍니다.

5. 몰드에 소량을 떨어뜨린 후 스패츌러를 이용하여 무늬를 내
   줍니다.

6. 완전히 굳고 나면 몰드에서 빼냅니다.

7. 고운 사포(120방)을 이용하여 거친 부분을 다듬습니다.

1
2-1
2-2
3
4-1
4-2
4-3
5-1
5-2
6-1
7

일상에 향기를 주는
천연 캔들, 방향소품

초판 1쇄 발행 2016년 12월 15일

지은이 백희영
펴낸이 이지은 **펴낸곳** 팜파스
기획 · 진행 이진아 **편집** 정은아
디자인 조성미 **마케팅** 정우롱
인쇄 (주)미광원색사

출판등록 2002년 12월 30일 제 10-2536호
주소 서울특별시 마포구 어울마당로5길 18 팜파스빌딩 2층
대표전화 02-335-3681 **팩스** 02-335-3743
홈페이지 www.pampasbook.com | blog.naver.com/pampasbook
이메일 pampas@pampasbook.com

값 15,800원
ISBN 979-11-7026-136-0 (13590)

ⓒ 2016, 백희영

· 이 책의 일부 내용을 인용하거나 발췌하려면 반드시 저작권자의 동의를 얻어야 합니다.
· 잘못된 책은 바꿔 드립니다.

이 도서의 국립중앙도서관 출판시도서목록(CIP)은 서지정보유통지원시스템 홈페이지
(http://seoji.nl.go.kr)와 국가자료공동목록시스템(http://www.nl.go.kr/kolisnet)에서 이용
하실 수 있습니다.(CIP제어번호: CIP2016028501)